都市园艺家
Urban Gardener

陈汉娜 著
Hannah Chen

多肉植物小星球

U0311878

绘·森·活 | Mori Girl's Art Life　　长江出版传媒　湖北美术出版社

目录 Contents

让植物引领你的心灵，
找回生活常轨。

以城市里的绿色宇宙为架构，
一个以植物为本位的多肉植物小星球就此诞生。

在这个星球上，我们希望所有的绿色生命，
都能与植栽者和平共存，带给彼此宁静、快乐、自得。

不刻意修饰样貌，
自己动手，就可塑造出简单有型的多肉植物。
它跟陪伴你一起生活的人一样，真实美好。

以常见、好养的多肉植物品种为主，
在认识各种不同品种的多肉植物之余，若想要自己玩玩看，
也能轻松地找到适合自己养的品种。

多肉植物的多样性，让它们拥有很强的可塑性，
能创造出别具风格的植栽。
让我带你了解不同的多肉品种，轻松上手制作创意小盆栽，
开拓你的视野，丰富园艺知识，体会美好的城市植栽美学。

Chapter 1

我想跟你做朋友

多肉植物为近期蹿红的植栽新秀，样貌肥硕可爱，常有植栽者根据它们的外貌发挥创意加以组合，为室内外风景增添不同的生活情趣。多肉主要生长在沙漠及沿海干旱地区艰苦的环境中，叶片退化，根、茎部壮大，以便储存大量的水分。常见的仙人掌，是多肉植物的一种；不过，多肉的品种可是丰富多样的哦！

什么是多肉植物？

初识多肉植物时，你一定会被它们的外貌所吸引，也许认为它们是地球上的 外星生物吧！多肉的肥厚叶片与茎部具有储水功能，是耐旱性强的植物。它们的原生地大多是雨水较少的地区，为了在那样的生长环境中求生存，它们将自身的机能演化到可以在干旱的艰苦环境中生存，把水分储存在自己身体内。

多肉植物的品种相当多，目前已知的原种已超过一万种，并且形态各异。如果我们把变种与杂交品种全部计算在内，那么其数量则超过两万种，同时还不断有新品种被发现，或者被培育出来。

很多人都以为多肉植物属于懒人植物或者室内植物，因此把它们放置在室内甚至是阳光照不到的地方，像是办公室或者浴室……事实上多肉植物与其他绿色植物一样，都需要适量的阳光、空气（通风）和水。

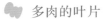 多肉是懒人植物

多肉植物原称"多浆植物"或"肉质植物"，被爱好者昵称为"多肉"。

"懒人植物"一说，来自于它们惊人的储水能力，你可以发现多肉的叶片与茎部肥厚，利于储水，靠着自身所储存的水分就能生存很久。平时养护不需要花费太多精力，浇水频率根据品种和气候的需求，从一周一次到一个月一次不等。

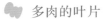 多肉的叶片

多肉植物拥有浑圆且充满水分的叶子，有些多肉的叶尖有着吸收阳光的"窗"；有的叶片上有银白色的绒毛覆盖在表面；有的则像动物一样会脱皮。

它们所拥有蜕变方式相当有趣，每一种都会有一套自己的生存方式。

不同品种的多肉植物，叶片大不相同。

❀ 依生长季节区分的多肉品种

多肉植物的家族庞大，适应力与繁殖力非常强，属于被子植物，也是开花植物，是植物界中的高等植物。每一个品种也都有各自的特点。

夏种型 | 大戟属 / 龙角属 / 芦荟属 / 龙舌兰属 / 硬叶凤梨属

春秋种型 | 卷绢属 / 石莲属 / 莲花掌属

冬种型 | 有星属 / 生石花属 / 肉锥花属 / 十二卷属 / 天锦章属 / 景天属

植栽工具的选择

多肉与仙人掌科的植物很多带有毛或刺，选用适合的工具能使植栽者在换盆、植栽和日常养护时得心应手。

工具用途说明

铲子

植栽多肉或仙人掌时，使用小型细长的铲子铲土较为方便。

耙子

可以用在松土的时候。

镊子

镊子是种植幼苗或有刺品种的得力助手，可避免弄伤植物。

冰勺

用小型冰勺舀土，十分方便。

大剪刀

大剪用于修剪造型。

花剪

剪断幼苗／修剪根部／剪枝扦插时使用。应根据不同用途选用不同的剪刀。

老虎钳

设计盆栽造型时，可以派上用场。

软滴管

给小型多肉盆栽浇水时，使用滴管与量杯能精准给水，不会因水流的冲击力破坏造景效果。

温湿度计

可以确切掌握温度和湿度，根据环境的变化调整多肉植物的养护方法。

刷子

组盆或养护时的清洁好帮手。

纱布

盆底有透水孔时，在上盆之前先在透水孔上铺上一片纱布，避免介质从透水孔漏出。

锥子

能在质地较软的器皿上凿洞。也可在移入植物时在介质中间挖洞，以方便植入。

电动钻孔机

能在硬材质的器皿上钻出透水孔。

土壤介质的选用

多肉植物的生长环境不需过多的水分，不适合用一般的园艺花土种植，因为普通园艺花土的吸水性较强，反而会让多肉植物出现烂根的情况。建议在种植时使用专用介质去调配，才会让多肉植物们长得更强壮哦！每种介质都有不同的功用，我们可以利用每种介质的长处，将土壤分层处理，调配出适合的土壤介质。

基础土壤介质主要是用透气且排水性好的小粒赤玉土为基础，加入浮石、赤玉土、沸石、稻壳炭和缓效有机肥料，还可以在土壤介质中加入珍珠岩。珍珠岩质地纯净，pH 值为中性，具有良好的排水性及透气性，且不易改变土壤性质，是高品质的栽培介质之一。白色不易吸光，可避免日照提高其温度，质轻还可减轻介质重量。若与泥炭土混合使用，可减少栽培介质板结的情况。我们可依需求及经验，添加其他介质，调整栽培介质的特性或用途。

表层及底层的介质配方则有所不同。表层我们可以用水苔，除了保水，还可以固定介质与植物本身。底层则可以用椰子纤维，避免花土、肥料的流失，也能增加盆底的透气性，供应足够的氧气让根系生长，并减少病菌感染及烂根情况发生。但要注意的是，椰子纤维使用前后，水分管理的方法并不相同，建议先测试一段时间，获得更多养护经验之后再大量使用。

底层介质
天然椰子纤维

保湿保肥，可有效防止土壤流失，具有良好的透气、排水性，由 100% 天然椰子纤维制成，可自行分解，不会造成环境污染。

底层介质
陶粒

用泥土经高温烧炼制成，烧炼后形状似石砾，膨松质轻，有很多孔隙，具有吸附水分及肥料的能力，还可作铺面土用。

专用培养土
多肉植物

浮石 / 赤玉土 / 沸石 / 稻壳炭 / 缓效有机肥料 / 珍珠岩

铺面介质
水苔

水苔，用苔类干燥后制成，具有极佳的保水能力，可作铺面和固定植物之用。

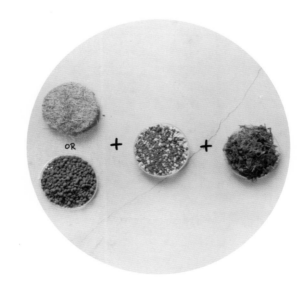

将上述的介质如图从左到右分层铺垫，就能创造出适合多肉植物生长的土壤环境了。

13

我适合养哪一种多肉？

多肉植物的品种有很多，生长习性和养护方法也有所不同。我们可以根据自己的时间，养护能力以及个性来选择适合自己养护的多肉植物，这样对你或对多肉都是最好的方式。可依照下面的测验方式来选择你的最佳多肉伴侣哦！

我的个性是……
喜爱花草的黛玉？优雅爱美又娇贵？
有点害羞但其实有很多心得想分享？
那你适合的多肉植物应该是……

﹥﹥﹥ 春秋种型

特性：它们多半在夏天与冬天休眠，春秋季生长。喜爱阳光，但是不喜欢闷热。日照充足时，叶片会变色，日照过强时需要遮阴避暑。喜爱恒温且干燥通风的环境。

栽种要点

适合冬暖夏凉的气候，酷暑阶段需保持通风及遮阴避暑，并且控制湿度。

蓝石莲

叶片为粉蓝紫色，花形很像莲座，叶片层叠的结构也很像欧洲的贵族少女参加舞会时所穿的裙子。

桃蛋

温差与日照会让桃蛋的叶尖染上红晕，很像害羞的少女脸红的模样。

蒂亚

温差增大，光照充足时，叶片边缘会呈现美丽的火红状。

姬胧月

外形为星状，叶片较厚，呈红褐色，日照充足时叶片会变得更红。

卷绢

深秋后温差大，需限水，日照足，卷绢的"变色秀"会让你惊艳。

我的个性是……
喜欢晒太阳？有一点活泼？
总是逆向思考？不拘小节？大方？
那你适合的多肉植物应该是……

>>> 夏种型

特性：夏种型的多肉植物在夏天生长，冬天则会休眠。比较耐热，喜爱阳光。

栽种要点

养护时需要注意控制水分，不需频繁浇水，但需要浇水的时候则要浇透。尽量放置在室外，需要充足的阳光才能长得更好。有些品种表面带粉或刺，养护时应尽量避免与之擦碰或形成积水，因为这些特殊外表都是为了让它们在夏日里旺盛地生长！

特玉莲

叶色灰绿,表面覆有白色蜡粉,叶片形态特别,样貌相当"叛逆"、有个性。

珊瑚大戟

外形奇特,拥有翠绿色的棍状茎。

姬凤梨

叶端锐尖,叶片呈梦幻般的粉红色。

空气凤梨
小章鱼

基部为水壶状,搭配光滑弯曲的柱形叶片,形体特殊,看起来就像张牙舞爪的章鱼。开花时中心部位会转为红色,并抽出紫色管状花。

我的个性是……
不是内向，只是喜欢多思考几分钟。
相信魔法，有点孤傲，古灵精怪，觉
得自己可能拥有神奇的魔法，那你适
合的多肉植物应该是……

>>> 冬种型

特性：在冬季生长，夏季休眠，不耐热。

栽种要点

夏天严格控水，炎热时容易枯萎，需要有良好的通风环境。

鸾
凤
玉

外形奇特，有四角星形，也有五角星
形的，看起来像是来自外星球，属于
十分奇幻的属别——有星属。

天
章

叶子外形胖胖的，边缘像饺子边一样
呈波浪状，怎么看都像是食物一样逗
趣！

佛
珠

外形像被串起来的绿珠子，一条一条
匍匐生长，生长茂盛时，很像绿色的
珠帘。

新
玉
缀

喜欢昼夜温差大的环境，浅浅的翠绿
色十分特别，一颗颗饱满的叶子十分
可爱，是小鸟们喜爱的食物。

日常养护

Chapter 2

由于地域不同，受当地气候与环境的影响，我们
提供给多肉植物的生长环境，只能尽量调整到接
近原生地的气候状态。在栽种时，也常会选择多
品种混合"组盆"，不太注意兼顾各个品种不同
的生长需求。在这种情况下，为了让肉肉们可以
生长得更健康，展现它们应有的状态，我们需要
通过养护，让它们慢慢适应本地的气候。

多肉专用术语

1. 窗

很多品种的玉露叶片上有"窗"，就是叶片前端半透明的部分，奇妙的花纹与透明质感，是这个品种的观赏重点。"窗"是植物为适应特殊环境所演化出来的"对策"。主要是让光线能透过"窗"进入深层细胞，利于增强光合作用。

2. 休眠

多肉植物会因为季节变化而暂时停止生长，多为内部的生理因素决定。若属于夏季种，便会在冬天休眠；若是冬季种或春秋季种，则会在夏季休眠，进入休眠期时尽量不要给予水分或换盆。

3. 徒长

在光照不足的环境下，多肉植物不仅会褪色，株形也会发生变化，茎与叶都会变得又细又长，这个现象就是徒长。

4. 锦

多肉植物出现了本色以外的呈斑块、斑点、条纹或其他形状的锦斑，就称为"锦"。锦斑有白、黄、红等颜色，以为黄色与白色居多，也有整株出锦的可能。

徒长

锦

5. 缀化

是常见的多肉植物变异现象。植物的生长点不断地分生，十分密集，形成扇形、波浪状或不规则的生长状态。

6. 断水

处于休眠期的多肉植物并不会吸收水分，此时若浇水很容易发生植株腐烂的情况，因此休眠期间必须停止给予植物水分，使之安全度过休眠期。

7. 露养

露养是指将多肉植物放置在露天生长，不再刻意定时定量地养护与浇水，而是让多肉植物直接接受阳光雨露的滋养。多数品种在露养的状态下能生长得更好！

8. 脱皮

生石花这个品种体形小，非常可爱。在生长过程中会出现脱皮的情况，脱皮之后颜色会更加美丽。

露养

脱皮

养护入门

从 花市购入的新品种，该如何进行
换盆呢?

🌸 工具

1. 刷子　2. 花剪　3. 铲子　4. 花盆

🌸 换盆步骤

Step 1

Step 2

Step 3

换盆的目的除了美观，还能让多肉
植物拥有更大的生长空间和更好的
生长环境。首先用小铲松土。

倒出已经松动的土壤，脱盆时注意
不要用手直接拔出植物，建议先挤
压塑胶盆进一步松土，然后将植物
慢慢以倾斜的角度推出盆外。

脱盆后，用指腹轻轻搓揉根部结块
的土壤，褪去原有的土壤。

Step 4

Step 5

Step 6

修剪老根能促进新根的生长，使得
植物顺利地吸收养分和水分，加速
适应新环境。

准备好新的花盆，盆底先放入透水
性良好的介质，这里选用的是陶粒。

一只手固定植物的位置，另一只手
用小铲添加调配好的专用培养土。

Step 7　　表面介质选用水苔或白细沙铺面，
就完成啰！

表面介质为水苔。

表面介质为白细砂。

25

日照

不论哪一种植物，都是需要阳光的，日照是植物生长的重要元素之一。多肉植物也是如此，缺少日照的多肉植物会徒长，株型松散，叶片下垂；但日照过强，它们又会被晒伤。如果懂得控制或利用日照来让多肉展现它们的姿态，将会让你的多肉植物长得强壮又美丽！

多肉植物最喜爱阳光（切记并非夏季烈日暴晒），充足的日照和温差会让它们"出状态"——有些品种会因此而改变叶片的颜色，叶片从绿色变成红色或者粉红色等美丽的色彩，这都是正常现象。

在日照充足和温差较大的环境下，紫罗兰女王的色彩会更加鲜艳，叶片的边缘呈现粉红色。

蝴蝶之舞与白乌帽子的组盆，经日晒后颜色变得更鲜艳了。

🌸 养护小秘诀

将多肉植物放置在室外露养。盛夏遮阳，冬季防冻。

❀ 依季节控制日照强度

春秋季　　气候温和，适合放在户外接受日照。

夏季　　气温高湿度大，有些品种开始休眠，搭建防晒网避免暴晒或放在阴凉通风处度过夏季。

冬季　　气温较低，有些品种开始休眠，不宜放置在室外，并且要控水。

27

浇水

多肉植物非常耐干旱，大部分品种不需经常浇水。在种植时建议选择有孔的花盆，避免闷湿导致滋生病菌，生虫或者积水烂根。不过，这水该怎么浇才是恰到好处呢？最简单的方法就是观察叶片的状态，若叶片变干、打皱就是需要补充水分的时候了！土壤的干湿状况，也是判断是否需要浇水的依据。土壤干透，盆土变轻的时候也可以浇水。

叶片表面如果皱皱的，通常就代表缺水了！

多肉小护士：皱叶急救

如果发现多肉叶子皱叶十分严重，可以将它放入可以卡住叶子的容器中，水分不要过多，只需要接触到根部即可。静置一晚后，水位明显降低，表示植物喝饱了！再重新植入土中即可。

浇水注意事项

建议晚间浇水，因为晚间气温较低比较不容易灼伤叶片（冬季极端寒冷的天气除外）。若不小心浇到叶片上，需尽快擦拭掉水珠，避免水流入叶片中心形成积水，当阳光照射时产生聚光升温，可能会把叶片灼伤。入门新手可依照品种的不同习性和状态，判断是否需要浇水。

浇水小秘诀

盆土干透才浇水，浇水时需避开叶片，盆底流出多余水分才算浇透。

❀ 浇水方式

浸盆式

将多肉植物盆栽放入透明的大水盆中，注意不要让水漫入盆中。这个方法不会破坏铺面的介质，也能让根部充分地吸收到水分。

滴管式

十分精准的浇水方式，适用于小型盆栽。除了不会破坏铺面的介质，还能逐一给水，因为有的造型盆内的多肉品种，对水分的需求各有不同，采用此方式能适当兼顾它们的需求。将滴管吸取水分后，插入土内约一半以上的深度，挤压出水分即可。

浸泡

完整浸入水盆中约 5 分钟后拿起，这是空气凤梨最佳的给水方式，接着就晾在通风处自然吹干即可。

❀ 四季浇水方法

春秋：春秋季节气候较为温和，这样的气候对多肉植物来说是利于生长的，日照充足时，盆内水分流失较快，此时可放心地浇水。

夏季：夏季温度较高，环境闷湿，有的品种进入休眠，此时不适合浇水，大部分品种都需要断水来度过夏天，长期断水可能会导致多肉植物干死，可适当地在夜间凉爽时采用喷水等方式来舒缓。

冬季：温度较低，部分地区气温低至零下，此时需要控水。

通风

植物与人一样都需要呼吸，多肉植物喜欢通风的环境。建议将多肉植物养在通风处，如阳台、窗边或屋顶。

通风对多肉植物的好处是减少积水，这样才能避免病菌的滋生或虫害。若雨季盆内积水过多，很容易让根部与茎部产生病变甚至烂根。因此除了要保持通风外，也建议帮多肉植物们搭上雨棚或是防晒网，这样不论是阴雨连绵还是烈日炎炎都能起到防护作用！

若家中没有大阳台或者是处于通风不良的环境中，可以人工创造通风的环境，例如使用电风扇。想养育好多肉植物就需要用心，给它们提供舒适的生长环境，它们才能展现出最好的状态给你欣赏。

🌸 养护小秘诀　　户外养护，要放置在通风处；室内栽培，建议开窗通风。多肉植物进入休眠阶段，也需放置在通风处。

除了日照及浇水外，保持通风对多肉植物也是很重要的。

温度

温度的高低是影响多肉植物生长的重要因素。多肉植物会依据温度与季节进入生长期或休眠期，该怎么做才能让多肉植物在舒适的状态下生长呢？

多肉植物生长的最佳温度为 10~30℃，在这样的温度范围内，它会以正常速度生长。最让多肉植栽者苦恼的季节便是夏季，夏季高温，多半处于闷湿环境中，生长在城市的多肉植物更是在闷热的高楼大厦中努力地活着。通常只要温度超过 30℃，部分多肉便会开始休眠，这是一种保护机制。休眠时根系会停止吸收水分，植物也会停止生长。

因此提醒大家，在夏季要注意控水，此时若给水，因为气温过高，盆内会变得像蒸气室一样闷热，严重的话会直接破坏根系，一旦根系被破坏，基本上就无法挽救了！所以夏季的养护重点是遮阴与散热，特别是对高温敏感的多肉品种，建议放置在阴凉干爽处。

温度若达到 35℃，大部分的多肉都会
进入休眠状态。

两大季节培育要领

夏季：夏种型耐热度稍高，但也别忘了给予通风的环境，让它们好好在艳阳中成长！

冬季：冬种型较耐低温，养育难度也较低，但是温度过低时多肉也是会进入休眠状态的。不论是夏季休眠还是冬眠，皆与季节息息相关。

病害防治

多肉植物的病虫害相对较少，但是并非全然没有。购入多肉时，一定要清理检查，方式可参照前面的"换盆"方式，脱土检查，才不会不小心把不健康的多肉带回家！

✿ 常见虫害

白粉介壳虫 ❯ 多肉植物虫害几率最高的就是它，外形呈白粉点状，喜爱黏在叶子正反面以及叶片中心。介壳虫通过吸取植物的汁液生存，会引发枯萎以及霉菌感染。因为身体有一层角质的甲壳，一般的杀虫药对它效果有限。数量较少时，可人工捉除，多的话，可以使用专门的药物。但出于对环境和健康的考虑，并不鼓励大家使用化学杀虫剂，若一定要使用杀虫剂，请戴口罩并及时洗手。介壳虫繁殖速度快，很容易传染，爆发时会导致整株死亡，所以只要看见多肉植物上有白点出现，就要仔细观察清除。

毛毛虫 ❯ 贪吃的毛毛虫很喜爱吃多肉植物，发现时立即抓住即可。

蚜虫 ❯ 又称腻虫、蜜虫，是植食性昆虫。蚜虫会吸取汁液，导致植物缺乏活力，蚜虫的唾液对于植物也有毒害作用，而且会在植物之间传播病毒。

蜗牛 ❯ 蜗牛会吃多肉植物的嫩叶，虽然不会造成很大危害，但也应避免它们啃食叶片，损害多肉植物的品相。

✿ 治理虫害

1. 用辣椒水。取一根新鲜辣椒（没有冰过）磨成泥，以 1:10 的比例加入清水。
2. 用苦楝油（天然提炼成分）。
3. 用驱虫农药（含有化学物质）。

以上的驱虫剂都可使用喷壶，喷在发现虫害的地方。辣椒水与苦楝油为天然材质，因此见效可能慢于农药，但是对于植物本身的副作用较小。

多肉病号报告书

病号 1 > 特玉莲
病源 > 介壳虫引发黑霉病

叶片上的小白点便是介壳虫，下方茎部到根部已经全面感染，而上端茎部则为枯萎状。此时发现得太晚已经没有救了，根部清洗后，还发现已经受虫害影响而腐烂。若腐烂一半以上，早点发现就能清洗后喷药重新植入新土，可能还有救。一旦发现多肉植物状态异常，就要注意观察，对症下药。

病号 2 > 紫珍珠
病源 > 介壳虫病害

叶片上的小白点便是介壳虫。虽暂时未造成大危害，但不及时处理也会影响植株的生长，甚至传染给其他植物。

 防虫小秘诀

盆栽表面使用单一介质铺面方便观察异状。买到多肉植物时，仔细清理，防患于未然。

病号 3 〉蝴蝶舞锦
病源 〉虫害

多肉的叶片被虫咬，造成伤口细菌感染。若没有及时发现，很可能发展为黑霉病。

病号 5 〉玉蝶
病源 〉黑霉病

下部叶片开始变黄，叶表有红色似圆形的凹斑并逐渐扩大，变成黑褐色，实为真菌类（炭疽病和链格菌等）侵入为害，造成凹陷的黑褐色病斑。此情形常发生于盆栽的多肉植物。

病号 6 〉玉蝶
病源 〉晒伤

刚买来的多肉不可以直接放在阳光下暴晒，要让它慢慢适应新环境，先放在有光线但并非直射的环境下缓一缓，再慢慢放出去接收日照。

病号 7 〉翠冠玉
病源 〉细菌感染

有时细菌感染从根至茎开始发展，仅从叶子很难判断，当叶子也发生病变时通常植株就无法救治了。

病号 8 〉 绯花玉
病源 〉过度营养灼伤

在施肥时，一定要注意肥料跟土壤一样，都有适用的品种和使用方法。若使用不当，就会产生过度营养灼伤多肉的情况。

病号 10 〉嫁接的萝藦科多肉
病源 〉虫害

毛毛虫正在啃食多肉，发现时应及时移毛毛虫。

🌸 对比案例：正常的消耗现象

健康 1 号 〉 叠叶芦荟

生长新叶，老叶枯死，是正常的消耗，脱落的叶片是干燥的咖啡色枯叶。

Chapter 3

我在你家也能过很得好

多肉植物也是会开花的植物。多肉的花朵与其他
植物不同，独具个性，大多会伸出长长的花剑，
在花剑顶部结出像小皇冠的花苞。我们会在这个
章节告诉大家多肉的开花秘籍哦！

叶插秘籍

多肉植物能自行繁衍，人工繁衍比较适合的繁殖时机是在气候温暖的春天。

叶插

叶插是最简单的繁殖方法。使用叶片繁殖新苗，通常将完整的叶片放置于土壤表面，即会诱发根与芽，需注意的是小心叶片的唯一小伤口，很可能细菌感染而发芽失败，因此亦要保持通风干燥喔！最佳繁殖时间大约在春季的 1~4 月，此时的发芽率是最高的。夏天不适合发芽，所以要选对时间来繁殖。通常春天孵芽时，将叶片静置两周后，便会发现明显的小叶子或者根部生长，而母叶也会慢慢枯萎，代表养分已供给完毕，完成使命。到时再把这些发根的小芽小叶们，移至新盆土内好好种植即可。

天章叶片发出的芽。

姬胧月发出三角形小叶片芽。

落地生根的小叶子与根十分强韧。它最初长在大叶子上，当其自动落下时，母叶供给完养分后便会自然干枯，小芽也会立刻着地攀附土壤。

蝴蝶之舞的嫩芽。

开花秘籍

怎样让多肉植物开出美丽的花朵，开花期间如何养护，这也是一门学问呢！注意以下几点就能提高多肉开花的几率。

1.阳光充足
多肉植物开花的先决条件是一定要有充足的阳光照射，每个品种对日照的需求都不太一样。

2.养对品种
在购买前建议先做功课，选择易开花的品种。

3.成株才会开花
多肉生长到开花阶段需要一个过程，需要细心照料。每个品种的开花时节有所不同，开花过后适当施肥。

开花是好还是坏？

植物开花就代表会消耗养分，所以有的花友会在花剑抽出时或者花期还未结束时，就先剪下花剑，这样可以减少养分的消耗。有些花友则会为了赏花保留花剑。建议等花剑完全干枯后再摘除或剪下花剑，若在花剑还未完全干枯的状况下硬拔，会造成伤口，还可能导致病菌感染哦！

仙人掌夏日长出粉白的花苞。

仙人掌在成熟后，球体顶端会长出由绒毛与刚毛组成的台状花座，俗称"起云"，花就开在"云"上。

金盛球抽出毛绒绒的花苞。

子持莲华抽出的花剑。

白凤即将开出美丽的花朵。

红糖即将开出美丽的花朵。

41

适合新手的那些肉

多肉植物品种丰富，外形呆萌可爱，深受花友的喜爱，但很多花友遇到的最大问题就是买回来的多肉植物怎么都养不好。下面要跟大家介绍的是多肉的品种，有些比较适合新手养殖，不容易挂掉的哦！

子持莲华

产地 ▷ 日本

特征 ▷ 叶面有一层白粉，株形较小，适合小盆栽种，春秋为生长期。叶插存活率低，开花后母株就会死亡。

栽培要点 ▷ 夏日呈现半休眠状，潮湿或过分暴晒均不利于生长，要保持凉爽通风的环境和控水。

子持莲华

珊瑚大戟

产地 ❯ 南非

珊瑚
大戟

特征 ❯ 大戟科大戟属落叶灌木植物，又称狼牙棒、魔杖、仙人棒。茎直立，呈圆柱形，茎上部常分枝，枝条直立或斜上升，外表光滑、有光泽，颜色为深绿色。单叶互生，叶披针形，叶小，长约3~5mm，易脱落。

栽培要点 ❯ 夏季为生长期。可通过修剪来保持植株高度使其矮化，修剪时可戴手套，避免切口流出的乳汁弄到身上。浇水不需要太多，一周一次即可。

金钱木

产地 ❯ 夏威夷

金
钱
木

特征 ❯ 马齿苋科的金钱木非常适合新手种植。夏季为生长季，直立性生长的品种，分枝性佳，修剪后会促发新枝。怕寒冷，只要茎还存活，即便没有叶子，春末仍旧会萌发新叶。

栽培要点 ❯ 水分的控制很重要，水分过多，株形会变得松散。

☁ 蓝石莲

产地 ❯ 墨西哥、中美洲

特征 ❯ 外形呈莲座状，茎肥大。日照充足和大温差会促使叶片颜色呈现出粉紫色，十分优雅。

栽培要点 ❯ 夏季遮阴。水分充足时，叶片会较为饱满、平展；水分较少时，叶片会收拢，呈包覆状。

蓝石莲

熊童子

☁ 熊童子

产地 ❯ 纳米比亚

特征 ❯ 景天科银波锦属。夏季休眠，叶片肥厚饱满，叶尖端有"爪"状突起，全株覆盖短绒毛，像毛茸茸的小熊脚掌般可爱。

栽培要点 ❯ 日照充足的叶片会变得肥厚饱满，缺光照则会使茎、叶徒长，不饱满，绒毛失去光泽。水分的控制需特别注意，春、秋生长季，土壤干透后需浇透水，保持通风，避免土壤过湿，造成叶片腐烂脱落。每 1~2 年换盆一次，换盆宜在春季进行。盛夏高温时需适当遮荫。冬季不耐寒，温度低于 5℃应搬入阳光充足的室内养护。

唐印锦

产地 ❭ 纳米比亚

特征 ❭ 景天科伽蓝菜属，唐印的变种。中小型品种，有粗矮的茎，肉质叶对生。叶片较薄，带有锦斑，叶面光滑附有白粉。日照充足和温差大时，叶片变红，非常艳丽；缺光则红色褪去，叶色变得较暗淡，徒长。

栽培要点 ❭ 唐印锦需要阳光充足和凉爽干燥的生长环境。耐半阴，怕水涝，忌闷热潮湿。具有凉爽的季节生长，高温休眠的习性。每年的 9 月至第二年的 6 月为生长期。日照充足时，株形矮壮，叶片紧凑。生长期需保持土壤湿润但避免积水。冬季 5℃以下就要开始严格控水。夏季生长缓慢，逐渐进入休眠，此时一定要确保通风，避免暴晒和长期雨淋，以免腐烂死亡，是适合新手种植的入门品种之一。

唐印锦

月兔耳

月兔耳

产地 ❭ 中美洲、马达加斯加

特征 ❭ 景天科伽蓝菜属。叶片覆盖绒毛，像兔子的耳朵。灰白色，叶片边缘有褐色斑点。易分枝，晚秋到早春生长旺盛。

栽培要点 ❭喜阳光充足的环境。日照充足时，叶尖的褐色斑纹显得更为明显。夏季要适当遮荫，但不能完全处于避光处。

佛珠

产地 ❯ 南非

特征 ❯ 佛珠的茎非常细长，能匍匐下垂，在茎节间会长出气生根，但不具攀缘性。细长的茎上长著一颗颗绿色圆珠状的叶子，很像一串串的铃铛，相当可爱。佛珠的花朵会生在茎节间，花是白中带紫的筒状小花，初秋前后开花。

栽培要点 ❯ 喜凉爽的生长环境，忌高温多湿，温度太高会进入半休眠状态，须移至阴凉通风处，减少浇水量。春、秋季为生长旺季。栽种佛珠失败的最主要原因，大多是浇太多水。佛珠的原生环境较干旱，所以叶子肉质化，具储存水分的功能，因此对水的需求较少，除非土壤已经非常干燥，否则不需浇水。佛珠喜欢散光的环境，但光线太弱会徒长，降低观赏价值。

佛珠

卧牛

卧牛

产地 ❯ 南非

特征 ❯ 多年生肉质草本植物。拥有短而肥厚的墨绿色硬质叶片。叶面质感粗糙，有花纹，叶片规则地向两边伸展，重叠互生。因其叶片形状似牛的舌头，而且株形又神似横卧的牛，故被日本人取名为"卧牛"。

栽培要点 ❯ 耐寒暑，在日照不足的环境中也能成长，适合放在室内窗边。根部极粗，长期需要充足的水分才能长出饱满厚实的叶子。

石生花

产地 **>** 墨西哥

特征 **>** 番杏科的石生花，体形较小，品种繁多，颜色、花纹变化丰富，深受花友的喜爱。

栽培要点 **>** 生长速度缓慢，需要耐心养育。栽种环境需要日照充足，通风良好。光线不足的情况下，容易造成植株徒长，颜色变淡；通风不良的环境，则容易造成植株腐烂。

石生花

十字星

十字星

产地 **>** 南非

特征 **>** 十字星的叶片很像星星，叶片呈灰绿或浅绿色，温差大的情况下叶边缘会稍现红色。叶片交互对生呈三角形，无叶柄，基部连在一起，新叶上下叠生，老叶上下有少许间隔。开花为米黄色，4~6 月生长旺盛。

栽培要点 **>** 需要日照充足且凉爽干燥的环境。耐半阴，怕水涝，忌闷热潮湿。具有凉爽季节生长，夏季休眠的习性。每年的 9 月至第二年的 6 月为生长期（生长环境不同，生长期也有长短之分）。若日照不足会徒长，褪色。而在阳光充足之处生长的十字星则株形紧凑，色彩鲜艳。

宝禄

产地 > 南非

特征 > 常绿多年生肉质草本植物，叶片边缘呈三角状，质地柔软，表面光滑，对生或交互对生。

栽培要点 > 室内栽培为宜。春秋冬三季皆为生长季节，是非常好的练手品种。

宝禄

白乌帽子

白乌帽子

产地 > 南非

特征 > 白乌帽子是团扇属仙人掌的一员。外形很像脚掌，十分可爱。表面生长有刺，应注意避免触碰。

栽培要点 > 土完全干透再给水，需全日照，日照不足易徒长，适合摆放在阳台或顶楼等阳光充足的位置。

☁ 筒叶花月

产地 ❯ 墨西哥

特征 ❯ 筒叶花月外形像是塑胶材质的绿色筒状叶子，也被花友戏称为多肉界的"史瑞克耳朵"。在春夏之际，叶片会变得很绿，散发出犹如翠玉般的光泽。

栽培要点 ❯ 全、半日照皆可，可长成小树一般的大小。

筒叶花月

特玉莲

不死鸟锦

☁ 特玉莲

产地 ❯ 墨西哥

特征 ❯ 粉绿色的叶子上覆盖白粉，叶尖端反转的莲外形十分特别。

栽培要点 ❯ 不耐闷热，需日照充足，土干燥再浇水。是比较好养的品种。

☁ 不死鸟锦

产地 ❯ 南非、马达加斯加

特征 ❯ 叶边缘两端向上弯折，犹如小船。叶边缘有锯齿状缺口，不定芽从此长出。不定芽生出时叶片呈圆形。

栽培要点 ❯ 喜欢全日照环境。土壤介质不拘，以排水良好为宜，无需施肥。耐旱性强。

> 凡从叶、根、或茎节间或是离体培养的愈伤组织上等通常不形成芽的部位生出的芽，则统称为不定芽。

九轮塔

产地 > 南非

特征 > 百合科十二卷属，生长的速度稍慢。叶形直立且前端内弯曲，表面生有小白点。

栽培要点 > 避免强光暴晒，生长期建议多给水，最好保持较高湿度，秋、冬季节浇水量酌情减少。

九轮塔

叠叶芦荟

产地 > 南非

特征 > 叶片呈青灰色，覆盖着白粉，边缘长有大而密集的肉刺。

栽培要点 > 冬季休眠，若土壤过于潮湿根部容易腐烂，盛夏不宜暴晒，需遮阴。

叠叶芦荟

翠冠玉

产地 > 墨西哥

特征 > 翠冠玉是乌羽玉属下的一个品种，因为和乌羽玉很像，有时被称作"假乌羽玉"。外表没有针刺，外形像馒头一样可爱，球体顶端中央生长着绒毛，这里也是开花的位置。因为分布范围很小，近年来因为被非法采集来作麻醉药而成为濒危物种。

栽培要点 > 生长速度极慢，需要耐心养育。想要球体饱满，必须提高温度以及增加湿度。浇水时避开绒毛才能保持绒毛的蓬松。

翠冠玉

紫式部

产地 ❯ 莫桑比克

特征 ❯ 景天科，叶子的纹路像虎斑。是小型的品种，易群生，易繁殖。

栽培要点 ❯ 夏季是生长季。叶子会随着生长出现斑纹，色彩也会更加鲜艳，养护以少水为宜。

紫式部　　　四角鸾凤玉　　　五角鸾凤玉

鸾凤玉

产地 ❯ 墨西哥

特征 ❯ 有星属，外皮有斑点。形状多半类似星形，有四角与五角之分，表面无刺，是仙人掌高度演化后的品种，球体中央会开出花朵。

栽培要点 ❯ 生长速度缓慢，强韧易栽培。夏天应避免暴晒和闷热。是易于养护的品种。

雀扇

产地 〉马达加斯加

特征 〉又名"姬宫"，伽蓝菜属。叶子酷似麻雀的尾羽，故而得名。叶片呈扇形，叶边缘有不规则的波状齿，叶色呈蓝灰或灰绿色，表面覆有一层白粉及褐色斑纹，给人清新的感觉。

栽培要点 〉适合新手种植的多肉品种。不需多浇水，土壤保持干燥夏季也能安然度过，生长较为缓慢。

雀扇

锦铃殿

锦铃殿

产地 〉南非

特征 〉叶端呈扇状，边缘有波浪纹，叶基部呈扁圆形，新叶浓绿色，老叶灰绿色并有紫褐色斑纹。

栽培要点 〉温室或露天栽培皆可，喜好凉爽的气候，低温时生长较快，春秋可充分给水与施肥，夏季超过 32℃ 会有落叶现象，盛夏应减少水分供给。

心叶球兰锦

产地 ❯ 热带雨林等地区

特征 ❯ 是耐旱的藤蔓植物，叶片呈心形，夏季开花，伞形花序自叶腋抽出，蜡质花朵呈乳白色。干旱时，靠着厚实叶片储藏的水分存活，叶面上的蜡质，有阻挡水分蒸发的功能。

栽培要点 ❯ 在雨季时，借由气根吸收水分快速生长，喜好半日照的环境，日照过强时叶子会黄，必须注意。喜欢高湿度的环境，但土壤不可长期处于潮湿状态，应该干了再浇水。繁殖采用扦插法，剪一段有 1~2 对叶片的成熟枝条插于土中即可。

心叶球兰锦

短毛丸

短毛丸

产地 ❯ 非洲

特征 ❯ 在生长点附近群生且带有小刺，绿色肉质叶子细小，有纵棱 12~14 条，会长出黑色毛茎，黑色毛绒花苞会绽放出美丽花朵。

栽培要点 ❯ 需要干燥的土壤环境，应该保证栽培地点有充足的阳光，不耐寒，是非常好栽种的品种，少有害虫侵袭，对于新手来说是非常好的入门品种。

☁ 乙女心

产地 ⟩ 墨西哥

特征 ⟩ 叶片肥厚，叶色由翠绿变化至粉红，新叶色浅，老叶色深，叶片密集排列在枝干的顶端。充足的日照与昼夜温差或冬季低温会促使叶片颜色慢慢变红。缺光照会褪色及徒长，叶片上覆有薄薄的白粉。

栽培要点 ⟩ 扦插与叶插都可以成活，并且基本上全年都可以进行。土壤一定要干透后才浇水，换盆后浇水不宜多，进入生长期时可以稍微增加水分的供给。夏季进入休眠期，必须减少浇水或不给水。适应露养的乙女心，夏天还是可以正常生长的，在适当的时候稍微给一点水在根部即可，切勿喷雾或给太多水，到了9月中旬温度下降，就可以开始恢复浇水了。度过冬季，春季温度上升后也可以慢慢恢复正常浇水。乙女心是非常好养的品种，四季中除了夏季要注意适当遮阳，其他季节都可以全日照养护。

乙女心

花月夜

☁ 花月夜

产地 ⟩ 墨西哥、中南美洲

特征 ⟩ 外形类似花形，一般都称之为石莲花，为常年多年生，边缘带红色或者桃红色，十分艳丽可爱。夏末秋初自叶腋抽出花梗，开赤红色铃形小花。

栽培要点 ⟩ 多分布于沙漠地带，酷暑期会延迟生长或者进入休眠状态。土壤不可过湿，适用排水良好的砂石来种植，保护根系不腐烂，只要注意这一点，便能生长得很好。

姬胧月

产地 ❯ 墨西哥

特征 ❯ 姬胧月是景天科风车草属的多肉植物。叶片呈瓜子形，叶尖端较尖，排成莲座状。日照充足时，叶色红中带褐，开黄色小花。

栽培要点 ❯ 喜阳光充足、温暖干燥的环境，较耐旱。春、秋是石莲花属植物的主要生长期，此时繁殖，成活率高，速度快，特别是叶插，成功率极高。也可以扦插繁殖，是新手叶插入门的首选品种。掰掉底部叶片用于叶插以后，剩下的老株用于造型，老桩造型别有一番情调。生长期建议露养，浇水不可过多，以免烂根。过冬温度需保持在 0℃ 以上。夏季可放在通风良好处养护，避免烈日暴晒，控制浇水、施肥。这时候基本不用浇水，可向植株适当喷水降温。春、秋两季需要充足的光照，否则会造成徒长，株形松散，叶色黯淡。浇水遵循"不干不浇，浇则浇透"的原则，避免盆土积水。空气干燥时，可向植株周围洒水，但叶面，特别是叶丛中心不宜积水，否则会造成烂心，要注意避免长期雨淋。

姬胧月

子宝

子宝

产地 ❯ 南非

特征 ❯ 深绿色的对生叶子，表面有白斑点，椭圆尖头叶子。

栽培要点 ❯ 不可暴晒，夏季休眠，要注意通风与浇水，必要时给予半日照。生长期为温暖的季节，如春季，可充分浇水。繁殖期为 9 月之后。

空气凤梨

空气凤梨不需要土壤也能存活，因为它不用根吸收养分与水分，而是把维持生命机能的工作交给叶片来执行。以悬挂或附着的方式便能栽种。

🌥 霸王凤

产地 ❯ 墨西哥、危地马拉

特征 ❯ 霸王凤全株覆盖银白色鳞片，耐旱耐强光，适合高温干燥的环境。

栽培要点 ❯ 夜晚全株泡水五分钟后晾干，日间需适当日照。

霸王凤

小章鱼

🌥 小章鱼

产地 ❯ 危地马拉、乌拉圭

特征 ❯ 壶形基部配上光滑弯曲的柱形叶，外形十分特别，看起来就像张牙舞爪的章鱼。

栽培要点 ❯ 大约 2~3 天喷一次水，喷水时间最好是晚上。

松萝凤梨

产地 ❯ 美国西南部、智利到阿根廷中部、西班牙

特征 ❯ 松萝凤梨也称为西班牙水草、老人胡须。松萝的银色叶子特征十分明显，在原生地多数是悬挂在树上，随风摇曳。若水分不足，闷热或植株太密集，叶子都容易干枯。下垂生长，是非常美丽的垂吊植物。

栽培要点 ❯ 喜欢潮湿、温暖的热带气候。

松萝凤梨

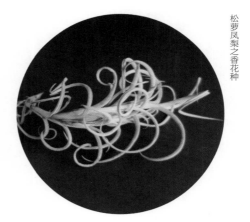

松萝凤梨之香花种

松萝凤梨之香花种

产地 ❯ 秘鲁、厄瓜多尔

特征 ❯ 松萝凤梨以多样的形态，开花期间浓郁的香气，得到花友的喜爱。松萝凤梨之香花种为其中体型较大的一种，叶片呈浅绿色，具有较强的观赏性。

栽培要点 ❯ 建议种植在全日照或半日照的环境中，有散射光的阳台也可以种植，避免暴晒，以免晒伤叶面。夜间喷雾补水为宜，夏季每 1~2 天浇水 1 次，冬季每 2~3 天浇水 1 次，保持通风，避免叶心积水造成腐烂。

☁ 虎斑小章鱼

产地 ❯ 墨西哥、危地马拉

特征 ❯ 壶形基部配上光滑弯曲的柱形叶，外形特殊，基部有虎斑纹，因而得名。

栽培要点 ❯ 大约 2~3 天喷一次水，喷水时间最好是晚上。

虎斑小章鱼

美杜莎

☁ 美杜莎

产地 ❯ 墨西哥、中南美洲

特征 ❯ 美杜莎特殊的地方是它叶子上有绒毛，养分就是从叶子上的毛孔吸收的。绒毛的一个功能是让水分留在叶子上以便被吸收利用，另一个功能是反射强光。

栽培要点 ❯ 水分供给依气候调整，浇水以喷雾最佳，注意根茎不能积水。需要极为通风的环境，程度以隔天中心部的积水变干为佳。喷水较多时，把空气凤梨倒过来让水滴干，叶心积水超过 72 小时容易窒息而死。银叶系空气凤梨可间隔多日再浇水，比绿叶系的浇水时间间隔长一些。

浇水的时间点以晚上为宜，最多每天浇 1 次，若下雨则不需浇水；如果炎热干燥，无论是银叶系还是其他耐干燥的品种，建议还是要每天浇水。例如：美杜莎可以湿一点，但也很耐旱；犀牛角则要注意通风，可多浇水，但浇完后应尽快吹干。

姬凤梨

产地 》 秘鲁、厄瓜多尔

特征 》 姬凤梨需要取侧芽繁殖，叶片边缘是波浪状的。常见品种有红色绒叶凤梨、粉色绒叶凤梨。

栽培要点 》 姬凤梨根较浅，宜用腐叶土、树蕨碎片等配制的培养土种植。需要保持盆土湿润，应放在室内光线明亮处，避免阳光直射。冬季要多些阳光，夏季需经常喷雾以增加空气湿度，冬季室温需保持在10℃左右。

姬凤梨

电烫卷空气凤梨

电烫卷空气凤梨

产地 》委内瑞拉、墨西哥

特征 》浅绿色的叶子表面附有白色细毛，叶片呈卷曲状生长，层叠出卷曲造型的"球体"。

栽培要点 》喜爱阳光，应给予充足水分，建议三天给水一次。夜间整颗浸水五分钟，再拿到通风处自然风干。

基础植栽操作

Chapter 4

当我们对多肉植物的生长环境、习性等有了基本的了解后，就能开始动手组盆了。组盆是将不同品种多肉的种植在一起，设计成各种盆栽造型。在这个章节，我们将进一步学习配土技巧、组盆方法等知识，让不同的品种的多肉植物在一起更健康地生长。

配土技巧

只 要使用三层介质：陶粒、专用培养土、表层介质（白砂、黑砂、水苔）简易搭配，就能种出健康的多肉。

a

b

c

a. 铺面层 ▶ 天然白砂。选用白砂可凸显多肉植物的美丽，也能衬托盆栽的造型。选用黑砂则能表现沉稳、成熟、时尚的风格。选用水苔则适合特殊造型的盆栽，不但能固定介质，也能营造更加自然的美感。各位花友可依自己的喜好选择介质。

b. 中心层 ▶ 多肉植物专用培养土。专用培养土是新手的必备种植介质。种植一段时间后，可以慢慢摸索研究，根据经验自己调配不同介质的比例，制作独门配方土。

c. 底层 ▶ 陶粒。建议使用大颗粒陶粒，能有效防止积水，透气性也更好。

普通多肉配土

适合种植成株多肉。

底层——陶粒

中层——多肉植物专用沙石土

上层——干燥水苔

仙人掌配土

适合种植仙人掌。

底层——陶粒

中层——多肉植物专用沙石土

上层——黑色沙石

新芽幼肉配土

适合育苗和种植小苗。

下层——陶粒

上层——多肉植物专用细沙土

组盆技巧

在 组盆时，应尽量挑选生长习性相似的多肉植物，这样在养护时就能避免需求差异，统一养护，给予等量的水分、肥料等；若生长习性差异太大，在养护时则会难以兼顾。组合各种多肉植物时应该有排列次序的概念，其实很简单，大株在后方，小型品种置于前方，体现出层次，注意色彩搭配。

组盆方法

Step 1

准备器皿，确定底部有透水洞孔，接着在底部铺上椰子片作为底部净化层。

Step 2

接着放入陶粒作为透水层。

Step 3

依序放入已脱盆的多肉植物。

Step 4

继续放入多肉植物，确定大概的位置。

Step 5

开始放入调配好的多肉专用培养土。

Step 6

植株固定后，铺上铺面土。在此选用的是天然白砂。

Step 7

使用刷子清理多肉植物上的砂土。

Step 8

摆上你自己喜欢的小装饰物，就完成
啰！

Chapter 5

DIY 组盆

城市太过拥挤，我们都需要在生活中找到一个小角落，专心种植，努力经营，用自己的方式，透过多肉植物发声，找回自己的一席天地。这里要教大家将各种废旧器皿回收再利用，搭配各种不同的多肉植物，DIY 出专属于你的多肉植物小星球。

率性油漆工

1.纱布　2.椰子片　3.花剪　4.刷子　5.铲子　6.镊子　7.水泥油漆桶
8.陶粒　9.仙人掌专用培养土　10.黑砂　11.金手指缀化　12.帽子

Step 1

在盆底处放置纱布挡住出水孔洞。

Step 2

放入椰子片垫底能防霉。

Step 3

倒入陶粒。

Step 4

最重要的土层就是专用培养土层。

Step 5

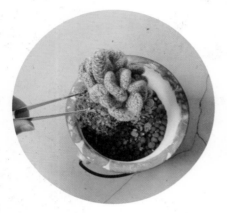

培养土层大约加至盆内一半高度后，开始植入仙
人掌，使用镊子以防手指头被扎伤。

Step 6

确定位置后，开始加入另外一棵。固定后，
360° 观察，检查周边的缝隙，再次填入培养土
至八分满的位置。

Step 7

铺面介质根据情况可放可不放，这
样就完成啰！

森林打地鼠

1.大块木头 2.刷子 3.铲子 4.小耙子 5.镊子 6.仙人掌专用培养土
7.水苔 8.黑砂 9.兜、玉露、斑马鹰爪、卷绢等

Step 1

倒入专用培养土。

Step 2

使用镊子夹着脱盆后的植株，
放进入新盆中固定位置。

Step 3

用水苔铺面。

Step 4

使用镊子调整水苔位置，细心整理。

Step 5

用小刷子清洁表面，就完成了！

打蛋器的春天

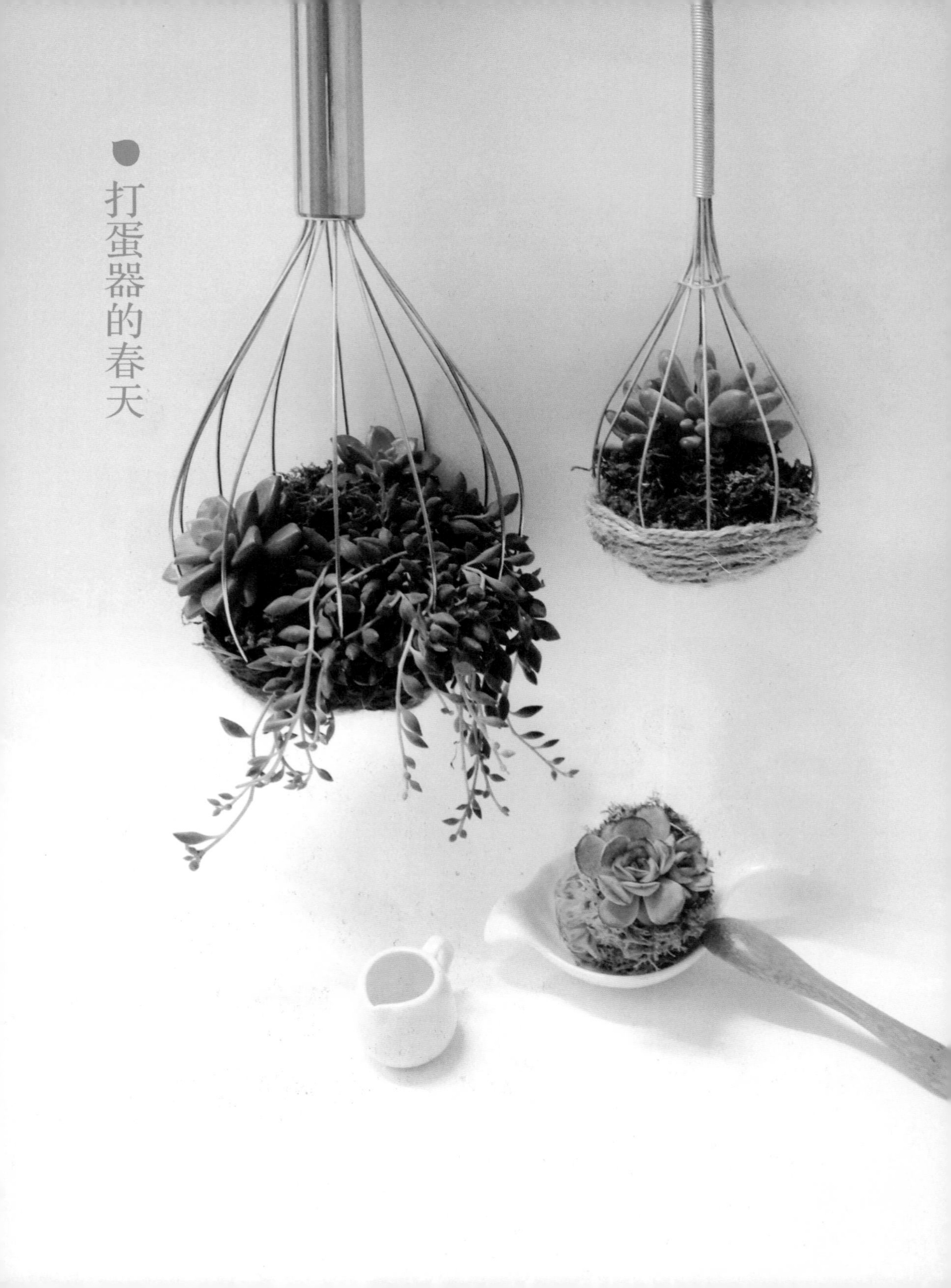

1.不锈钢打蛋器　2.粗麻绳　3.小铲子　4.镊子　5.莎薇娜、玉坠、鹰爪等　6.水苔

Step 1

调整打蛋器的形状，可稍微挤压调整出偏圆的形状，再将底部的交叉点绑上绳子固定。

Step 2

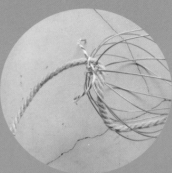

将粗麻绳与底部的细绳打结，准备开始缠绕。

Step 3

开始缠绕粗麻绳，注意绳与绳之间的缝隙，需整齐、密度高。

Step 4

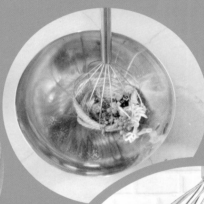

Step 5

选择大型器皿铺垫，以便植种植时保持平衡和调整位置，分别植入选好的多肉植物。

麻绳缠绕至 1/3 的高度即可，准备开始植入多肉。

Step 6

最后做整体的调整，就完成啦！

雨中漫步

1.旧雨鞋　2.锤子　3.镊子　4.锥子　5.铲子　6.多肉专用培养土　7.陶粒　8.珊瑚大戟　9.水苔

Step 1

将雨鞋胶底钻数个出水洞，避免积水。

Step 2

倒入最底层的介质——陶粒。

Step 3

倒入多肉专用培养土。

Step 4

植入多肉调整位置，再将细缝填满培养土即可。

Step 5

最后做整体的调整，就完成啦！

赏味期限

1.铁罐头盒　2.陶粒　3.黑砂　4.多肉植物专用培养土　5.大铲　6.耙子　7.小铲

Step 1	Step 2	Step 3
先倒入底层的陶粒。	再倒入多肉专用培养土。	混一点点的水苔进去。

Step 4

把植株依次放进去后，再
多加一点水苔。

Step 5

调整一下植株的位置，简单的
"罐头多肉"就完成啰！

阿拉丁神灯

1. 水苔　2. 小铲子　3. 椰子片　4. 纱布　5. 多肉专用培养土　6. 小陶粒（可依多肉品种、容器形状来选用）　7. 油灯　8. 珊瑚大戟

Step 1

置入纱布盖住洞孔，让水可以流
过但土石不会流失。

Step 2

请检查动孔是否被覆盖好。

Step 3

置入陶粒，约占容器的 3/10 的
高度，接着再加入专用培养土。

Step 4

倒入高度一半的专用培养土后，
植入多肉植物，360° 度检查，
若有缝隙，用专用培养土填满。

Step 5

固定后，在外层与表面放入水
苔，就完成啰！

85

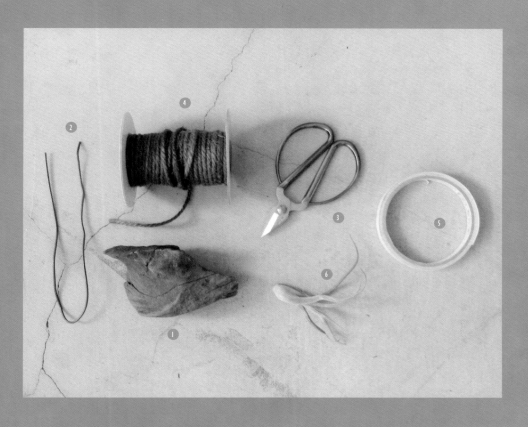

1. 漂流木   2. 软铁丝   3. 剪刀   4. 麻绳   5. 双面胶   6. 小章鱼

Step 1

将软铁丝贴上双面胶。

Step 2

用双面胶包覆住铁丝。

Step 3

开始缠绕麻绳。

Step 4

将缠绕好麻绳的软铁丝缠在漂流木上，并且调整位置。

Step 5　绕出一个圈形座，让小章鱼 "坐"上去，就完成了！

捕梦网

1.霸王凤空气凤梨、棉花糖空气凤梨等　2.棉花　3.干叶子　4.枯树枝
5.麻绳　6.干叶子　7.花剪　8.双面胶　9.软铁丝　10.剪刀

Step 1

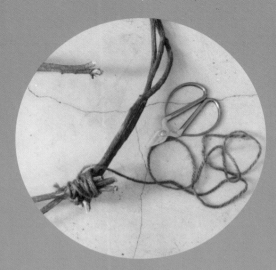

将枯树枝弯成想要的形状并且在头尾缠绕麻
绳固定造型。

Step 2

枯树枝质地很硬，多角度的固定是必要的。

Step 3

制作挂吊粗麻绳。

Step 4

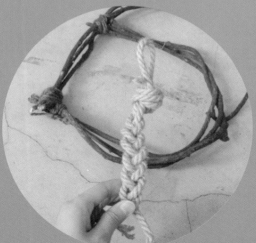

编织成麻花造型。

Step 5

将麻花粗麻绳固定到枯枝的顶端（可依个人喜好决定位置）。

Step 6

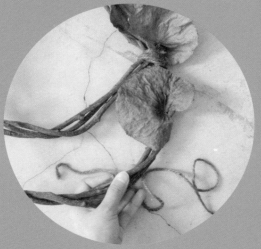

绑上各种干叶子，使用颜色相近的细麻绳来固定。

Step 7

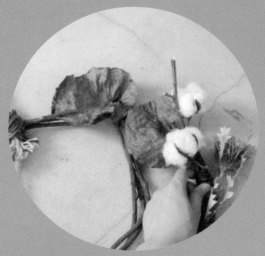

加上棉花可以让整体色彩丰富一些。

Step 8

再加上各种装饰物，要不时拿远看看效果！

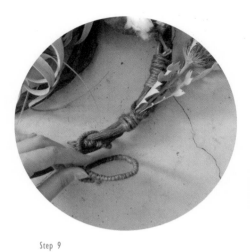

Step 9

用之前讲过的方法缠好铁丝。缠上已包好的
软铁丝，帮空气凤梨做"座位"。

Step 10

放上空气凤梨，加以固定。

Step 11

调整整体的效果，就完成了。

天然莲蓬头

1.干莲蓬　2.剪刀　3.水苔　4.镊子　5.铲子　6.兜　7.多肉植物专用培养土

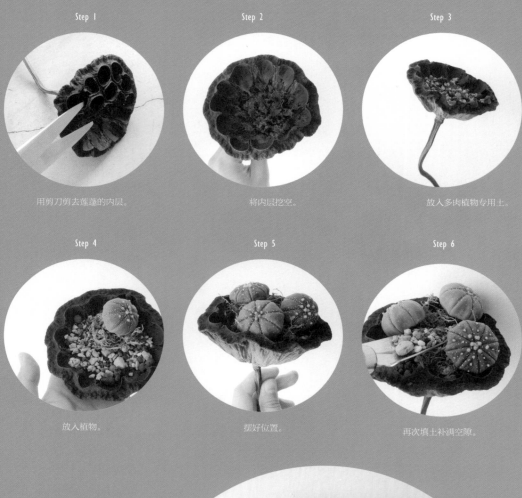

Step 1
用剪刀剪去莲蓬的内层。

Step 2
将内层挖空。

Step 3
放入多肉植物专用土。

Step 4
放入植物。

Step 5
摆好位置。

Step 6
再次填土补满空隙。

Step 7
用水苔铺面及固
定，就完成了！

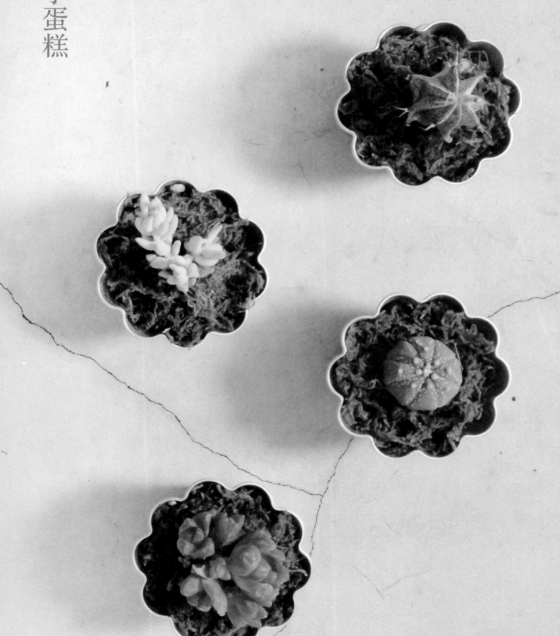

杯子蛋糕

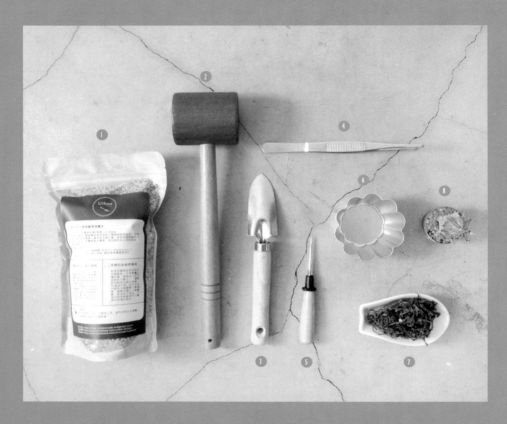

1.多肉植物专用培养土　2.锤子　3.铲子　4.镊子　5.锥子　6.蛋糕杯　7.水苔　8.鸾凤玉

Step 1

在底部确认好出水洞的位置，开始钻洞。

Step 2

钻出数个出水洞。

Step 3

放进多肉植物专用培养土。

Step 4

将植物脱盆后植入。

Step 5

用镊子固定好后，再次加入多肉植物专用培养土。

Step 6

放入水苔铺面。

Step 7

用镊子整理水苔。

Step 8

完成！可做各种不同的品种，陈列出来会很像多肉植物甜点！

后记

Postscript

植物已经成为了我生活中的一部分，整理花草时，仿佛开始了神秘的宗教仪式。因为绿色的植物，让生活走入了另外一个美好的空间，驱赶现实与功利的事物，让生命中保存了单纯的美好。面对生活本身，最快乐的应该就是与大自然的互动，用新的形式转换自然能量，让我们通过植物好好感受生活！

多肉植物可以活很久很久，我曾经见过一颗九十几岁的仙人掌，就像一个人一样很安静地活生生地站在那里。我凝视了它好久，油然而生的是感动与尊敬之情。

我把植物当成人一样看待，多肉、仙人掌、空气凤梨，都感受到了我同等的善意。这两年来到处走访各种不同的温室，总让人惊奇并充满感慨，心想着：会再来，一定会再来，我一定要再来。